Bibliografische Information der Deutschen Nationalbibliothek:

Die Deutsche Bibliothek verzeichnet diese Publikation in der Deutschen Nationalbibliografie; detaillierte bibliografische Daten sind im Internet über http://dnb.d-nb.de/ abrufbar.

Impressum:

Druck und Bindung: Books on Demand GmbH, Norderstedt Germany
ISBN: 9783668604711

Dieses Buch bei GRIN:

https://www.grin.com/document/385102

Kira Thiele

Populationsdivergenz innerhalb der Gattung "Leucorrhinia"

GRIN Verlag

Bachelorarbeit

Populationsdivergenz innerhalb der Gattung *Leucorrhinia*

von

Kira Thiele

Studiengang B.Sc. Lehramt Biologie/Mathematik

angefertigt am Institut für Biologie, Zoologie

Freie Universität Berlin

Inhaltsverzeichnis

1 Zusammenfassung

Die Ausbreitung von Individuen stellt einen wichtigen Faktor dar, um den Genfluss zwischen Populationen einer Art aufrecht zu erhalten und Divergenzen zu vermeiden. Prädatoren haben einen entscheidenden Einfluss auf die Ausbreitungskapazität von Populationen. Deshalb unterscheidet man zwei Ausbreitungstypen. Zum einen gibt es die Habitatspezialisten, die sich so lange Ausbreiten können, bis ein Prädator auftritt, an den sie nicht angepasst sind. Ihre Adaption betrifft das Zusammenleben mit dem Hauptprädator in dem durch sie bevölkerten Habitat und ist genetisch fixiert. Aufgrund dessen kann der Genfluss unterbrochen werden und leicht Divergenzen entstehen. Im Gegensatz dazu gibt es die Generalisten, die phänotypische Plastizität aufweisen und unterschiedliche Habitate mit variierenden Top-Prädatoren besiedeln können. Mögliche Divergenzen werden durch den vorherrschenden Genfluss vermieden.

Von den fünf europäischen *Leucorrhinia*-Arten, in denen *L. caudalis, L. albifrons* und *L. pectoralis* nur in Habitaten mit Fischen vorkommen und *L. dubia* sowie *L. rubicunda* an das Zusammenleben mit invertebraten Prädatoren spezialisiert sind, ist *L. dubia* am signifikantesten phänotypisch plastisch. In der vorliegenden Studie gilt es zu zeigen, dass Untersuchungen von Populationen der plastischen Art *L. dubia* unabhängig von der Entfernung des Sammlungsstandortes, eine verminderte Divergenz aufweisen. Untersuchungen der Arten *L. albifrons, L. caudalis, L. pectoralis* sowie *L. rubicunda* weisen im Vergleich eine höhere Divergenz auf. Um die molekularen Untersuchungen durchzuführen und gute Ergebnisse zu gewährleisten, wurde die Kombination aus einem mitochondrialen (ND1) und chromosomalen (ITS) Primer gewählt.

Eine Überprüfung der aufgestellten Hypothesen blieb jedoch aus, da eine erfolgreiche Amplifizierung und Sequenzierung sowohl für den ND1 - als auch für den ITS - Primer, auch nach mehrfachen Optimierungsversuchen, nicht erreicht werden konnte. Dies ermöglichte eine Fehleranalyse. Es zeigte sich, dass beim Einlegen der Individuen in Aceton keine systematische Technik genutzt wurde, sodass eine Kontamination nicht ausgeschlossen werden konnte. Die Erkenntnis, dass Wasser und Verschmutzungen in Aceton eine Degradation der DNA begünstigen bestätigte, dass eine Amplifikation und Sequenzierung der DNA aus den Jahren 2012/13 aufgrund dessen nicht möglich war.

Die DNA aus dem Jahr 2014 lag intakt vor, wodurch sich eine Analyse über alternative Methoden ergab. Es zeigte sich, dass Trehalose zum PCR-Mix hinzugegeben oder eine andere Isolations-Methode gewählt werden konnte, um eine komplette Amplifikation zu gewährleisten. Das Prinzip des PCR-Produkt klonierens hätte womöglich eine komplette Sequenzierung ermöglicht. Da die Überprüfung dieser Methoden im Rahmen der Arbeit nicht möglich war, sollte dies Gegenstand zukünftiger Untersuchungen sein.

2 Einleitung

Divergente natürliche Selektion zwischen alternativen Umwelten führt oftmals zu einer phänotypischen Diversität (Albertson et al., 2003; Orr & Smith, 1998). Auf diese Weise kann eine adaptive Divergenz (Caputo et al., 2014) und die daraus resultierende Differenzierung von Populationen hervorgerufen werden (Schluter, 2000). Man bezeichnet die phänotypische Auseinanderentwicklung von Populationen als Populationsdivergenz. Darauf aufbauend formt die Divergenz von Populationen innerhalb einer Art einen unmittelbaren Ausgangspunkt für Artbildungsprozesse (Levine, 1976; Grant, 1986) und ist somit essentiell für die Entstehung neuer Arten. Divergenzen innerhalb einer Population können entweder von einer plastischen Adaption (Walsh et al., 2008) oder aus einer genetischen Differenzierung (Langerhans et al., 2004) stammen.

Einer der wichtigsten Faktoren für die Entstehung von Populationsdivergenz sind Unterbrechungen des Genflusses zwischen Populationen. Dies kann einerseits durch eine geographische Isolation entstehen. Die Populationen entwickeln sich aufgrund von Adaptionen an unterschiedlich vorherrschende Selektionsdrücke phänotypisch divergent (Turelli et al., 2001). Andererseits kann die Unterbindung des Genflusses und die somit entstehende Divergenz auch durch ökologische Selektion hervorgerufen werden (Stelkens et al., 2012). Dies kann durch eine lokale Adaption an divergierende Umwelten innerhalb eines Habitats, wie beispielsweise unterschiedliche Nahrungsressourcen, Prädatoren, Parasiten oder Klimaunterschiede auftreten. Die Besetzung verschiedener ökologischen Nischen begünstigt die phänotypische Divergenz (Taylor, 1991; Dionne et al., 2008). Die unterschiedlichen Umwelten können also einen direkten Wandel des Verhaltens, der Morphologie und der Physiologie induzieren. Solche Veränderungen werden zusammenfassend als phänotypische Plastizität bezeichnet (Price et al., 2003). Phänotypische Plastizität ist die Fähigkeit eines einzelnen Genotyps unter unterschiedlichen abiotischen und biotischen Umweltbedingungen verschiedene Phänotypen auszubilden (Pfennig et al., 2010). Diese Adaption erlaubt dem Organismus auf unvorhersehbare Umweltveränderungen zu reagieren, indem dieser seinen Phänotyp ändert und somit vorteilhafter an die lokalen Bedingungen angepasst ist (Thibert-Plante & Hendry, 2010). Gelangt ein Organismus in eine neue Umwelt, die sich stark von seiner Alten unterscheidet und enorme Veränderungen mit sich bringt, besteht die Möglichkeit, dass Phänotypische Plastizität evolviert (Pigliucci, 2005). Gerade in heterogenen Umwelten, die in Raum (Via & Lande, 1985; Hollander, 2008) oder Zeit (Gabriel, 2005; Lande, 2009) fluktuieren, bietet es einen Vorteil und bringt die Populationen schneller zu ihrem Fitnessoptimum (Stelkens et al., 2012). Plastizität wird somit dann favorisiert, wenn Veränderungen innerhalb einer kurzen Generationenfolge gehäuft auftreten (Price et al., 2003).

Phänotypische Plastizität kann die Divergenz zwischen Populationen verhindern, indem sie eine Aufrechterhaltung des Genflusses zwischen ihnen ermöglicht. So erlaubt sie einem Genotypen, unterschiedliche Phänotypen als Antwort auf die sich ändernden Umweltbedingungen auszubilden. Sollte eine geringe Plastizität nachweisbar sein, können nur kleine, schwache Schwankungen der Umwelt in Kauf genommen werden. Ist eine hohe Plastizität vorzufinden, kann der Organismus auch mit starken Umweltveränderungen umgehen. Wichtig bei beiden Varianten ist, dass einzig und allein der sich ändernde Phänotyp die Population zu ihrem Fitnessoptimum bringt. Ein genetischer Wandel wird hier nicht benötigt und eine mögliche Artaufspaltung durch einen vorherrschenden Genfluss verhindert, da diese Adaptionen reversibel sind und wieder verschwinden können, sobald der Umweltreiz nicht mehr immanent vorhanden ist (Pfennig et al., 2010). Lässt man beispielsweise Wasserflöhe der Art *Daphnia Pluex* in Gegenwart von Feinden aufwachsen, so entwickelt sich ein großer helmförmiger Kopf und ein langer, spitzer Schwanz. Diese Adaptionen fungieren als Abwehrmechanismen gegen Prädatoren. Wachsen sie dagegen ohne natürliche Feinde auf, bleibt der Kopf klein und der Schwanz ist kürzer und spitzer. Untersucht man ihre Allelfrequenz, so stellen sich keine Unterschiede zwischen den beiden unterschiedlich aufgezogenen Organismen heraus. Es bleiben genetisch identische Individuen (Stearns, 1989). Zum Anderen erlaubt die Plastizität verschiedenen Genotypen denselben Phänotyp als Antwort auf sich ändernde Umweltbedingungen auszubilden. Auch hier wird eine Verminderung der Divergenz erwartet. Da selektive Faktoren auf alle Genotypen gleichermaßen wirken, kann die Selektion zwischen den unterschiedlichen Genotypen nicht unterscheiden. Ein Genfluss zwischen verschiedenen Populationen entsteht und somit können reproduktive Nachkommen gebildet werden (Pfennig et al., 2010).

Ein Hauptgrund für die Aufrechterhaltung oder Verminderung des Genflusses von natürlichen Populationen stellt deren Ausbreitung dar (Benard & McCauley, 2008). Die Ausbreitung von Individuen oder Populationen beschreibt jegliche Bewegungen durch den Raum mit möglichen Folgen für den Genfluss (Ronce, 2007). Man unterscheidet hierbei zwei verschiedene Ausbreitungstypen, die sich in ihrer Ausbreitungskapazität unterscheiden (Baguette et al., 2013). Prädatoren haben einen entscheidenden Einfluss auf die Ausbreitungskapazität (Slatkin, 1987). Einerseits gibt es die Habitatspezialisten. Ihre spezifische Adaption betrifft das Zusammenleben mit dem Hauptprädator in dem durch sie bevölkerten Habitat und ist genetisch fixiert. Andererseits gibt es die

Generalisten, die phänotypische Plastizität aufweisen und unterschiedliche Habitate mit variierenden Top-Prädatoren besiedeln können. Adulte Tiere der Habitatspezialisten breiten sich nicht weit aus und kolonisieren weniger weit entfernte Habitate. Der Grund liegt darin, dass sie nicht in der Lage sind Habitate mit alternativen Top-Prädatoren zu besiedeln, da sie keine Adaptionen für das Zusammenleben ausbilden können und somit der Selektionsdruck zu stark ist (McCauley, 2007). Slatkin (1987) schrieb, dass sich solche Populationen nur so weit ausbreiten können, bis sie durch Barrieren, wie beispielsweise Prädatoren, Kosten oder geographische Strukturen gestoppt werden. Das bedeutet, dass die Habitatspezialisten sich nur so lange Ausbreiten können, bis ein Prädator auftritt, an den sie nicht angepasst sind (McCauley, 2007). Aus diesem Grund kann der Genfluss nicht immer aufrechterhalten werden und eine Divergenz zwischen Populationen kann schneller auftreten (Baguette et al., 2013). Die Generalisten hingegen bewegen sich quer über die Landschaft hinweg und besiedeln neue Habitate mit unterschiedlichen Top-Prädatoren. Bedingt durch ihre phänotypische Plastizität ist es ihnen ermöglicht, sich auch in weit entfernte Habitate auszubreiten (McCauley, 2007). Somit kann eine Verbindung zwischen Populationen mit großer Distanz aufgebaut werden, ein Genfluss stattfinden und eine mögliche Divergenz wird verhindert (Benard & McCauley, 2008).

Lebensgemeinschaften aquatischer Insekten werden oft durch Prädatoren determiniert (Wellborn et al., 1996). Süßwassergewässer gemäßigter Regionen werden gemäß ihres Top-Prädators in drei Habitattypen unterteilt. Differenziert wird zwischen ephemeren Habitaten, die nur für eine kurze Zeit bestehen und in denen keine großen Prädatoren vorherrschen, sowie zwischen permanenten Seen und Teichen, die invertebrate Prädatoren, wie beispielsweise große Libellenlarven, als Spitzenprädatoren enthalten oder in denen Fische die Hauptprädatoren sind (Stoks und McPeek, 2006; Wellborn et al., 1996). Die Zusammensetzung von Libellen-Lebensgemeinschaften unterscheiden sich zwischen Gewässern mit Fisch- und invertebraten Prädatoren (Johansson et al., 2006).

Arten der Libellengattung *Leucorrhinia* (Odonata: *Libellulidae*) unterscheiden sich sowohl in ihrer Morphologie, als auch in ihrem Verhalten zwischen Fischseen und Libellenhabitaten (Johansson & Mikolajewski, 2008). Larven dieser Gattung, die mit Fischprädatoren, wie beispielsweise dem Flussbarsch (*Perca fluviatilis*) aufwachsen, besitzen lange laterale und dorsale abdominale Dornen sowie eine hohe Fluchtgeschwindigkeit, um sich vor Fischattacken zu schützen. Wachsen die Larven hingegen mit invertebraten Prädatoren auf, wie beispielsweise Libellenarten der Gattung *Aeshna*, so zeigen sie reduzierte bis keine abdominale Dornen und eine reduzierte

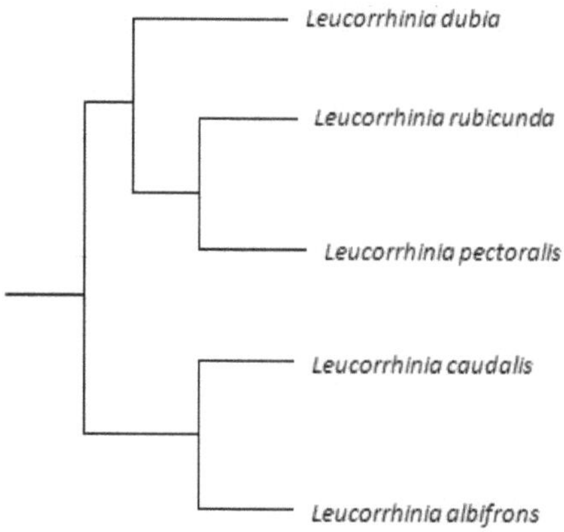

Abbildung 1:
Phylogenie der fünf europäischen *Leucorrhinia*-Arten. Diese wurde von der Phylogenie aller *Leucorrhinia* - Arten von Hovmöller und Johansson abgeändert (2004).

Fluchtgeschwindigkeit (Hovmöller & Johansson, 2004; Mikolajewski et al., 2010). Es herrschen also innerhalb der Gattung *Leucorrhinia* zwei gegensätzliche durch Prädatoren induzierte Selektionsdrücke, weshalb eine Abstimmung der jeweiligen Art auf den durch sie bevölkerten Habitattyp überlebenswichtig ist. Unterschiede in der variierenden Anzahl und Länge der abdominalen Dornen zwischen Habitaten mit unterschiedlichen Prädatoren können entweder von einer genetischen Differenzierung (Langerhans et al., 2004) oder einer plastischen Adaption (Walsh et al., 2008) stammen.

In den fünf europäischen Arten, in denen *L. caudalis*, *L. albifrons* und *L. pectoralis* nur in Habitaten mit Fischen vorkommen und *L. dubia* sowie *L. rubicunda* an das Zusammenleben mit invertebraten Prädatoren gewöhnt sind, ist *L. dubia* am signifikantesten in ihrem Verhalten und in ihrer Dornenausprägung phänotypisch plastisch. *L. dubia* ist mit geringen kurzen Dornen ausgestattet und kann sowohl in Habitaten mit als auch ohne Fischen vorkommen. Die Anwesenheit von Fischen induziert bei ihr signifikant längere anteriore, sowie kürzere posteriore abdominale Dornen (Johansson & Samuelsson, 1994) und eine reduzierte larvale Aktivität (Mikolajewski & Johansson, 2004), welches ein Ergebnis der phänotypischen Adaption ist. Die anderen Arten sind auf das Merkmal der Dornenmorphologie hin nicht plastisch und können nur das Überleben in dem durch sie bevölkerten Habitattyp garantieren (Mikolajewski et al., 2010). Zu erwähnen ist, dass *L. albifrons* plastisch im Verhalten ist. Erreicht sie Habitate mit invertebraten Prädatoren, erhöht sich ihre larvale Aktivität. Diese Plastizität ist jedoch nicht so signifikant wie bei *L. dubia* (Mikolajewski & Johansson, 2004). Phylogenetisch betrachtet bilden der Fisch-Spezialist *L. pectoralis* mit *L. dubia* und *L. rubicunda* sowie *L. albifrons* und *L. caudalis* eine monophyletische Gruppe (vgl. Abbildung 1).

Das Ziel der vorliegenden Arbeit ist es, Populationsdivergenz innerhalb der Gattung *Leucorrhinia* nachzuweisen. Wie oben bereits erwähnt, ist es Arten, die phänotypisch plastisch sind, möglich neue Habitate mit unterschiedlichen Prädatoren zu besiedeln (Petrin et al., 2010). Von adulten Individuen der plastischen Art *L. dubia* ist bekannt, dass sie sich weit ausbreiten und große Distanzen zurücklegen können (Pajunen, 1962). Sie bilden in den neuen Habitaten den erforderten Phänotyp aus, um Prädation zu vermeiden. Man kann also davon ausgehen, dass die innerartlichen Unterschiede von *L. dubia* bezüglich der Dornenmorphologie und der Fluchtgeschwindigkeit Resultate der Phänotypischen Plastizität sind und keine genetische Differenzierung (Johansson & Samuelsson, 1994). Da sie aufgrund dessen auch sehr weit entfernte Habitate besiedeln und damit den Genfluss aufrecht erhalten können, wird folgende Hypothese (a) überprüft: Untersuchungen von Populationen der plastischen Art *L. dubia* zeigen, unabhängig von der Entfernung des Sammlungsstandortes, eine verminderte Populationsdivergenz. *L. albifrons, L. caudalis, L. pectoralis* sowie *L. rubicunda* könnte man, wie oben geschrieben, auch als Habitatspezialisten bezeichnen. Sie können sich nur so lange Ausbreiten, bis ein Prädator auftritt, an den sie nicht angepasst sind (McCauley, 2007). Der Genfluss kann dadurch nicht immer aufrechterhalten werden und eine Divergenz zwischen Populationen kann aufgrund dessen schneller auftreten (Baguette et al., 2013). Daraus folgt Hypothese (b): Die Untersuchungen der Arten *L. albifrons, L. caudalis, L. pectoralis* sowie *L. rubicunda* weisen, im Vergleich zu der plastischen Art *L. dubia*, eine höhere Populationsdivergenz auf.

3 Material & Methoden

3.1 Sammlung der Daten

Zu der Gattung *Leucorrhinia* gehören insgesamt 14 Arten, welche in Nord-Amerika und Europa vorkommen (Hovmöller und Johansson, 2004). Untersucht wurden davon die Larven von fünf europäischen *Leucorrhinia*-Arten: *Leucorrhinia albifrons* (die östliche Moosjungfer), *Leucorrhinia caudalis* (die zierliche Moosjungfer), *Leucorrhinia dubia* (die kleine Moosjungfer), *Leucorrhinia pectoralis* (die Große Moosjungfer) und *Leucorrhinia rubicunda* (die Nordische Moosjungfer). Diese wurden in vergangenen Studien in den Jahren 2012/ 2013/ 2014/ 2015 in Gewässern in Deutschland, Schweden und Polen gesammelt, bestimmt und in 100% Aceton eingelegt. In Schweden wurden Gewässer ausgewählt, deren Standorte weit auseinanderliegen (*L.dubia* und *L.albifrons* lagen als Proben vor). In Deutschland wurden dicht zusammenliegende Standorte ausgesucht (alle Arten lagen als Proben vor). In Polen wurden sowohl dicht als auch weit auseinanderliegende Orte gewählt (alle Arten lagen als Proben vor). Für jede Art wurden 10 Individuen pro Standort in jedem Land ausgewählt (vgl. Tabelle 1).

Tabelle 1: Auflistung der Sammlungsstandorte für jede Art aus Schweden, Polen und Deutschland.

	Schweden	Polen	Deutschland
L. caudalis	-	Zbionik Zahajki	Suckowsee (2014)
L. albifrons	Sârasjön (2013)	Zbionik Zahajki	Tümpel bei Mirow (2014)
L. pectoralis	-	Krugle Bango	Metzelthinsee (2014)
L. rubicunda	-	Kunki	Gilder Meerbergsmoor (2013)
L. dubia	Nydalasjön (2012)	Urocysko	Barschsee (2013)

3.2 Molekularbiologische Methoden

3.2.1 DNA-Isolierung

Die Isolation der DNA erfolgte mit Hilfe des Tissue DNA Pufrification Kit. Dabei wurde nach dem Protokoll „Tissue DNA Purification Kit“ (siehe Anhang 7.2) gearbeitet. Um den Ertrag der DNA zu maximieren, wurden die folgenden Änderungen vorgenommen, die nicht im Protokoll zu finden sind. Zum einen fand die Lysierung über Nacht in einem 56°C warmen Wasserbad statt. Zum anderen wurde das Lyseprodukt am nächsten Morgen 30 Minuten bei -20°C tiefgefroren. Nach dem Auftauen erfolgte die weitere Isolation nach Anleitung des Protokolls.

3.2.2 Quantifizierung der DNA

Um die Konzentration der Nukleinsäuren in den einzelnen Proben zu bestimmen und diese auf mögliche Verunreinigungen zu kontrollieren, wurden die DNA-Lösungen mit einem UV/VIS-Photometer *NanoDrop® ND-1000 (Peqlab)* untersucht. Der Nullabgleich erfolgte mit Pufferlösung, da diese auch für die Elution der DNA verwendet wurde. Um die Nukleinsäuren zu quantifizieren, wurde die Absorption bei einer Wellenlänge von 260nm (A_{260}) photometrisch bestimmt, da dort ihr Absorptionsmaximum liegt. Ebenso wurde bei 280nm (A_{280}) - dem Absorptionsmaximum für Proteine - gemessen. Polysaccharide, die durch die DNA-Isolierung noch in der Probe enthalten sein konnten, haben ein Absorptionsmaximum bei 230nm (A_{230}). Der Quotient aus A_{260} und A_{280} bzw. A_{260} und A_{230} gilt als Maß für die Reinheit der Probe. Die DNA sollte für das Verhältnis aus A_{260} und A_{280} einen Wert von 1,8 aufweisen und für das Verhältnis von A_{260} und A_{230} einen Wert von 2,2. Kontaminationen, wie zum Beispiel Proteine, erhöhen die Absorption bei 280nm, während Polysaccharide für eine erhöhte Absorption bei 230nm sorgen.

3.2.3 Wahl der Primer

Um die Populationsdivergenz innerhalb der Gattung *Leucorrhinia* nachzuweisen, wurden zwei Marker ausgewählt. Zum einen wurde ein Gen der mitochondrialen DNA (mDNA), ND1 (NADH-Dehydrogenase Untereinheit 1), gewählt. Ein Grund für diese Wahl liegt darin, dass sich mitochondrial proteincodierende Gene, wie ND1, drei Mal schneller entwickeln, als beispielsweise das mitochondriale Markergen 16s. Arten, die erst kürzlich Populationsdivergenz aufweisen und dadurch Unterschiede in der Nukleotidsequenz aufweisen, können daher gut offenbart werden. Das Markergen 16s wird hingegen eher dann verwendet, wenn lang zurückliegende Artaufspaltung analysiert werden soll (Damm, Dijkstra & Hadrys, 2009). Außerdem wurde ND1 schon oft in anderen Libellenstudien erfolgreich genutzt (vgl. Damm& Hadrys, 2012; Bergmann et al., 2013; Hovmöller & Johansson, 2004).

Folgende Primersequenzen von Abraham et al. (2001) wurden für ND1 verwendet:

ND1 fw 5' TTC AAA CCG GTG TAA GCC AGG 3'

ND1 rev 5' TAG AAT TAG AAG ATC AAC CAG C 3'

Zum anderen wurde die nukleare ITS (Internal Transcribed Spacer)-Region als Makergen verwendet, welche eine der am meisten sequenzierten ribosomalen DNA-Marker ist. Die Nukleotidsequenz dieser Region beträgt 500-800bp, wodurch sie komplett amplifiziert werden kann (Begerow et al., 2010). Die ITS-Region kann variable bis hochvariable Bereiche aufweisen, wodurch sie routinemäßig in Bereichen der Identifikation von Arten oder Stämmen auf Artebene sowie in der Systematik und der Phylogenie verwendet wird. Auch in verschiedenen Libellenstudien wurde ITS erfolgreich genutzt (vgl. Hovmöller & Johansson, 2004; Damm, Dijkstra & Hadrys, 2009).

Folgende Primersequenzen von Damm et al. (2010) wurden für ITS verwendet:

ITS fw 5' CGT AGG TGA ACC TGC AGA AG 3'

ITS rev 5' CTC ACC TGC TCT GAG GTC G 3'

3.2.4 Polymerasekettenreaktion

3.2.4.1 PCR des ND1-Primers

Der Ausgangspunkt der PCR orientierte sich an dem Temperaturprofil (Tabelle 3.1) und dem Standard-Mastermix (Tabelle 3.2) von Damm et al. (2009). Diese wiesen die Populationsdivergenz innerhalb der Libellengattung *Trithemis* mit Hilfe des ND1-Primers nach. Dabei lag die DNA-Menge bei 2 µl, die Primer-Konzentration bei jeweils 1,5 µl und der Magnesiumanteil bei 2,5 µl. Jeder Standard-Mastermix hatte ein Endvolumen von 25 µl. Die Annealing-Temperatur betrug 48°C (Damm et al., 2009). Alle veränderten ND1-PCR-Parameter sind in Tabelle 3.3 zusammengefasst.

Tabelle 3.1: Temperaturprofil der ND1-PCR nach Damm et al. (2009). Variierende Parameter wurden mit dem Begriff *Variabel* versehen.

Zyklusschritt	Temperatur	Zeit
1. Vordenaturierung	95°C	2 min
2. 30 Zyklen: Denaturierung	95°C	30 Sek
Hybridisierung	48°C (*Variabel*)	30 Sek
Polymerisierung	72°C	60 Sek
Endpolymerisierung	72°C	6 min

Tabelle 3.2: Standard-Mastermix der ND1-PCR nach Damm et al. (2009). Variierende Parameter wurden mit dem Begriff *Variabel* versehen.

Standard-Mastermix
2,5 µl $MgCl_2$ (*Variabel*)
2,5 µl 10x Puffer
1,5 µl Primer (*Variabel*)
1µl dNTPs
0,15µl Hot TAQ-Polymerase
2 µl Template (*Variabel*)
13,85µl Nukleaase-freies Wasser (*Variabel*)

Tabelle 3.3: Zusammenfassung aller PCR-Parameter, die für den ND1-Primer verändert wurden.

PCR Nr.	Parameter					
	Zyklus-anzahl	**Annealing-Temperatur (°C)**	**Magnesium-konzentration (µl)**	**Primer-konzentration (µl)**	**DNA-Menge (µl)**	**Bemerkungen**
1	30x	48	2,5	1,5	2	Die Annealing-Temperatur wurde verändert.
2		50				
3		51				
4		52				
5		54				
6		55				
7	30x	48	1,5	1,5	2	Die Magnesium-konzentration wurde verändert.
8			2			
9			2,5			
10			3			
			3,5			
11	30x	48	2,5	1,5	1	Die DNA Menge im Mastermix wurde verändert.
12					2	
13					3	
14					4	
15					5	
16	30x	48	2.5	0,5	2	Unterschiedliche Primer-Konzentrationen wurden verwendet.
17				1,5		
18				2		
19				2,5		
20				3		
21				3.5		
22	30x	48	2,5	1,5	2	Eine DMSO-Konzentration von 3% und 5% wurde zu dem Standard-Mastermix hinzugefügt.
23	30x	48	2,5	1,5	2	Es wurde zunächst die Zyklenzahl verändert.
24	35x					

3.2.4.2 PCR des ITS-Primers

Der Ausgangspunkt der PCR orientierte sich an dem Temperaturprofil (Tabelle 3.4) und dem Standard-Mastermix (Tabelle 3.5) von Sandra Damm et al. (2009). Diese wiesen Populationsdivergenz innerhalb der Libellengattung *Trithemis* mit Hilfe des ITS-Primers nach. Dabei lag die DNA-Menge bei 2 µl, die Primer-Konzentration bei jeweils 1 µl und der Magnesiumanteil bei 2,5 µl. Jeder Standard-Mastermix hatte ein Endvolumen von 25 µl (Damm et al., 2009). Die Annealing-Temperatur betrug 60°C. Alle veränderten ITS-PCR-Parameter sind in Tabelle 3.6 zusammengefasst.

Tabelle 3.4: Temperaturprofil der ITS-PCR nach Damm et al. (2009). Variierende Parameter wurden mit dem Begriff *Variabel* versehen.

Zyklusschritt	Temperatur	Zeit
1. Vordenaturierung	95°C	3 min
2. 35 Zyklen: Denaturierung	95°C	30 Sek
Hybridisierung	60°C (*Variabel*)	40 Sek
Polymerisierung	72°C	30 Sek
Endpolymerisierung	72°C	3 min

Tabelle 3.5: Standard-Mastermix der ITS-PCR nach Damm et al. (2009). Variierende Parameter wurden mit dem Begriff *Variabel* versehen.

Standard-Mastermix
2,5 µl $MgCl_2$ (*Variabel*)
2,5 µl 10x Puffer
1 µl Primer (*Variabel*)
1µl dNTPs
0,15µl Hot TAQ-Polymerase
2 µl Template (*Variabel*)
14,85µl Nukleaase-freies Wasser (*Variabel*)

Tabelle 3.6: Zusammenfassung aller PCR-Parameter, die für den ITS-Primer verändert wurden.

PCR Nr.	Parameter					
	Zyklus-anzahl	**Annealing-Temperatur (°C)**	**Magnesium-konzentration (µl)**	**Primer-konzentration (µl)**	**DNA-Menge (µl)**	**Bemerkungen**
1	30x	60	2,5	1	2	Es wurde zunächst die Zyklusanzahl optimiert.
2	35x					
3	35x	60	1,5	1	2	Hier wurden unterschiedliche Magnesium-konzentrationen verwendet.
4			2			
5			2,5			
6			3			
7			3,5			
8			4			
9	35x	60	2	1	1	Die DNA Menge im Mastermix wurde verändert.Dabei wurde die zuvor optimierte Magnesiumkonzentration verwendet.
10					2	
11					3	
12					4	
13					5	
14	35x	60	2	0,5	2	Unterschiedliche Primer-Konzentrationen wurden verwendet. Optimierte DNA-Menge und Magnesiumkonzentration wurde dazu verwendet.
15				1,5		
16				2		
17				2,5		
18				3		
19				3.5		
20	35x	59	2	1,5	2	Die Annealing-Temperatur wurde verändert. Optimierte DNA-Menge, Primer-Konzentration und Magnesiumkonzentration wurde verwendet.
21		60				
22		61				
23		62				
24		64				
25		65				

3.2.5 Aufreinigung der PCR Produkte

Die Aufreinigung der PCR-Produkte erfolgte mit Hilfe des PCR/DNA Clean up DNA Kit. Dabei wurde das Protokoll, PCR/DNA Clean up DNA Kit (siehe Anhang 7.3) benutzt. Die DNA wurde, abweichend vom Protokoll, in 35 µl Eluationspuffer aufgenommen. Nach der Aufreinigung konnte entweder sofort mit dem amplifizierten PCR-Produkt weitergearbeitet werden oder die Proben wurden bei -20°C eingefroren.

3.2.6 DNA-Agarosegelelektrophorese zur Mengenabschätzung

Zur elektrophoretischen Trennung der DNA-Moleküle aufgrund ihrer Größendifferenzen wurde eine Elektrophorese mit Agarose durchgeführt. Für die Herstellung des Gels wurden zu 0,38g Agarose ca. 25ml 1x TAE gegeben und kurz erhitzt. Nach Zugabe von 3 µl SYBR®Safe DNA, welches dafür zuständig ist DNA in Agarose zu visualisieren, wurde das Gel in eine dafür vorgesehene Vorrichtung gegossen. Als Marker für die Größenbestimmung der DNA-Signale wurden 100 bp DNA-Ladder verwendet. Davon wurden 5 µl in die erste Geltasche aufgetragen. Der Ladepuffer 6x Blue Loading Puffer wurde zum beladen der DNA für die Geldtaschen verwendet und im Verhältnis 1:5 vermengt. Das bedeutet, es wurden 5 µl DNA- Probe mit 1 µl Ladepuffer 6x Blue Loading Puffer gemischt und in eine Geltasche aufgetragen. An die verwendeten horizontalen Elektrophoresekammern *(BioRad)* wurde für 30 Minuten eine Spannung von 90 V angelegt. Mit Hilfe des Transilluminator BST-20G-D2R konnte das amplifizierte Produkt sichtbar gemacht werden und je nach Intensität abgeschätzt werden, ob genügend DNA zur Sequenzierung vorliegt. Sollte dies unklar sein, konnte man an dieser Stelle erneut den *NanoDrop® ND-1000* (vgl. 3.2.2) verwenden.

3.2.7 Sequenzierung

Vorbereitend für die Sequenzierung mussten zwei Eppendorfgefäße (1,5ml) für jeweils eine Probe angefertigt werden. Beide wurden mit 5 µl DNA-Template und zudem 5µl foward oder reverse Primer befüllt. Dabei musste ein Mindestvolumen von 20 ng/µl amplifizierte DNA in dem PCR-Endprodukt nachweisbar sein, damit die Sequenzierung stattfinden konnte. Die fertigen Eppendorfgefäße wurden zum Sequenzieren an die Firma GATC- Biotech geschickt. Dort wurde ein Sanger-Sequencing durchgeführt.

4 Ergebnisse

4.1 DNA Isolierung und Quantifizierung der DNA

Zu Beginn wurde die DNA aus allen fünf Arten, die in Deutschland gesammelt wurden, isoliert. Es handelte sich dabei um jeweils 10 Individuen der Art *L. dubia, L. pectoralis, L. rubicunda, L. caudalis* und *L. albifrons*. Folgende DNA-Konzentrationen ergaben sich aus den 10 Individuen von:

***L. caudalis**:* 96,1 ng/µl; 104,9 ng/µl; 108,8 ng/µl; 116,0 ng/µl; 117,6 ng/µl; 130,6 ng/µl; 132,9 ng/µl; 151,0 ng/µl; 171,4 ng/µl; 227,6 ng/µl

L. albifrons: 81,5 ng/µl; 92,7 ng/µl; 96,8 ng/µl; 97,1 ng/µl; 103,4 ng/µl; 115,2 ng/µl; 127,3 ng/µl; 131,0 ng/µl; 137,0 ng/µl; 138,9 ng/µl

***L. pectoralis**:* 143,1 ng/µl; 171,6 ng/µl; 178,9 ng/µl; 186,1 ng/µl; 196,8 ng/µl; 206,5 ng/ µl; 216,8 ng/µl; 231,1 ng/µl; 233,7 ng/µl; 235,5 ng/µl

L. rubicunda: 41,6 ng/µl; 51,8 ng/µl; 59,3 ng/µl; 60,7 ng/µl; 61,1 ng/µl; 64,2 ng/µ,l; 72,1 ng/µl; 76,0 ng/µl; 92,2 ng/µl; 139,0 ng/µl

L. dubia: 30,0 ng/µl; 31,7 ng/µl; 33,6 ng/µl; 34,6 ng/µl; 46,4 ng/µl; 49,2 ng/µl; 50,0 ng/ µl; 63,1 ng/µl; 64,4 ng/µl; 75,4 ng/µl

Die Absorptionsspektren A_{260} und A_{280} bzw. A_{260} und A_{230} werden hier nicht zu jeder Probe mit angeführt, da alle Werte im Normbereich lagen und keine Abweichung oder Verunreinigung durch Proteine oder Polysaccaride zu erkennen war.
Weitere DNA-Isolierungen aus Proben anderer Länder wurden nicht durchgeführt, da es Probleme mit den ausgewählten Primern gab (vgl. Abschnitt 4.2 und Abschnitt 4.3).

4.2 Methoden zur Optimierung der ND1-PCR

Da mit dem verwendeten Standard-Mastermix und Temperaturprogramm von Damm et al. (2009) keine gewünschten Ergebnisse erzielt werden konnten, wurden verschiedene PCR-Parameter, wie in Tabelle 3.3 dargestellt, verändert, um eine optimale PCR zu erreichen. Zunächst wurden verschiedene PCRs mit einem Temperaturgradienten durchgeführt. Anhand dieser Gradienten lässt sich die optimale Annealingtemperatur für die Primer ermitteln. Außerdem ist durch diese Methode erkennbar, bei welcher Temperatur die Signale am deutlichsten hervortreten. Es wurden Temperaturen unter der Schmelztemperatur der Primer (57°) ausgewählt. Es zeigte sich, dass die ND1-Kontrolle bei Erhöhung der Temperatur schwächer wurde und bei 48°, wie auch im Standardprotokoll verwendet, ihr Optimum besaß. Eine Amplifikation der ND1-Region für die Libellenproben konnte jedoch nicht erreicht werden. Um die Primerspezifität zusätzlich zu erhöhen, wurden anschließend PCRs mit variierenden Magnesium-Konzentrationen durchgeführt. Die Positivkontrolle zeigte hervorragende Amplifikationsergebnisse bei einer Konzentration von 2,5 µl, jedoch konnten keine Ergebnisse bei den eigentlichen Proben erzielt werden. Es stellte sich nun die Frage, ob zu wenig DNA-Template in dem Standard-Reaktionsansatz hinzugefügt wurde, sodass eine Amplifikation überhaupt nicht möglich war. Deshalb wurden unterschiedliche DNA-Mengen in den Reaktionsansatz gegeben. Jedoch konnten auch hier keine Ergebnisse erreicht werden. Die Menge von 2µl DNA blieb also unverändert. Als weiteren Optimierungsschritt wurde die optimale Primerkonzentration ermittelt. Die Signale der ND1-Kontrollen hatten ihr stärkstes Signal bei einer Konzentration von 1,5µl und 2µl. Die Libellenproben zeigten bei beiden Konzentrationen keine Signale. Als vorletzten Schritt wurde untersucht, wie sich die Zugabe von unterschiedlichen DMSO-Konzetrationen (Dimethylsulfid) bei gleich bleibendem Temperaturprofil sowie gleichem Standard-Mastermix auf die Ergebnisse auswirkte. Die gewünschten Signale der ND1-Kontrollen blieb sogar aus. Als letzten Optimierungsschritt, wurde die Zyklenzahl verändert. Es wurden zwei PCRs mit 30 beziehungsweise 35 Zyklen durchgeführt. Es zeigte sich, dass das Signal der Positivkontrolle bei 35 Zyklen deutlich schwächer war, als bei 30 Zyklen.

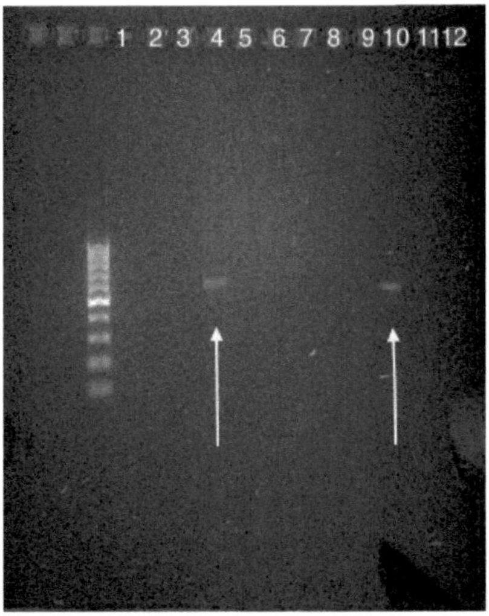

Abbildung 2: PCR mit ND1-Primer

Marker (links): 100bp Leiter; Probe 1,2: *L. dubia;* 3,5: *L. pectoralis;* 6,7: *L. rubicunda;* 8,9: *L. albifrons; 11,12: L. caudalis;* Positiv Probe 4, 10: Die gesuchte Bande ist bei ca. 610 bp zu sehen und ist mit Pfeilen markiert. [1%iges Agarosegel; 30min bei 90V]

Alle durchgeführten Optimierungsschritte zeigten, dass das Temperaturprofil und der Standard-Mastermix von Damm et al. (2009) die besten Amplifikationen für die ND1-Kontrollen hervorrief und Veränderungen zu Verschlechterungen in der Signalstärke führten. Die Kontrollen zeigten nach der Aufreinigung eine DNA-Konzentration von >20µl. Jedoch konnten keine Ergebnisse für das mitochondriale ND1-Gen der Libellengattung *Leucorrhinia* erzielt werden. Während der ständigen Änderungen der Parameter, blieb die Probenauswahl die gleiche. Es wurden jeweils zwei Proben derselben Art verwendet (vgl. Abbildung 2).

Um zu Überprüfen, ob alle 50 DNA-isolierten Proben keine Ergebnisse zeigten, wurde zu jeder Probe eine PCR nach Anleitung des Standardprotokolls von Damm et al. (2009) durchgeführt. Daraufhin zeigte sich eine schwache Bande bei einem Individuum der Art *L. caudalis* (vgl. Abbildung 3). Aus den anderen Individuen aller Arten konnte keine Amplifikation des ND1-Gens erreicht werden. Eine DNA Konzentration von 13µl ergab sich nach dem Aufreinigen des PCR-Produkts in der Probe, die eine leichte Bande zeigte. Dies war zu wenig, um eine geeignete Sequenzierung durchzuführen. Um die Amplifikationsmenge zu erhöhen, wurden zwei PCRs hintereinander durchgeführt. Mit dieser Maßnahme konnte nicht die gewünschte Sequenzierungsmenge von mehr als 20µl DNA erreicht werden. Letztendlich konnte auch bei dieser Probe keine Vervielfältigung des ND1-Gens erreichet werden.

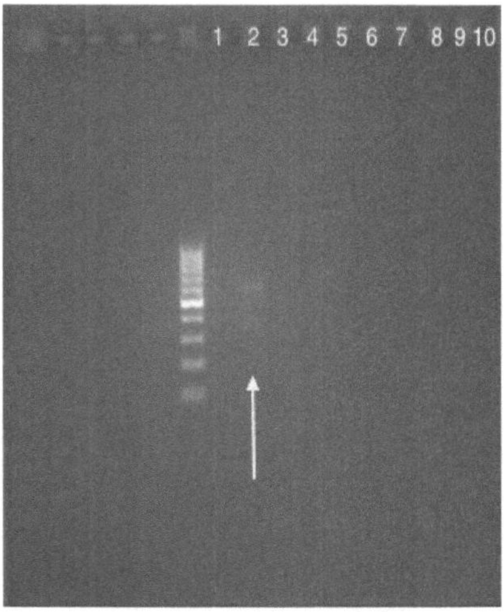

Abbildung 3: PCR mit ND1-Primer
Marker (Links): 100bp Leiter; Probe1-10: *L. caudalis;* Probe 2 zeigt die gesuchte Bande (mit Pfeil markiert) bei ca. 610 bp.
[1%iges Agarosegel; 30min bei 90V]

4.3 Methoden zur Optimierung der ITS-PCR

Da nach dem verwendeten Standard-Mastermix und dem Temperaturprofil von Damm et al. (2009) sehr schwache Banden auf dem 1%-igen Agarosegel zu sehen waren, wurden die verschiedenen PCR-Parameter, die in Tabelle 3.3 zu sehen sind, verändert. Zu Beginn wurden zwei PCRs mit 30 sowie 35 Zyklen durchgeführt. 30 Zyklen zeigten jedoch noch schwächere Signale, wodurch die ursprüngliche Anzahl von 35 Zyklen beibehalten wurde. Im nächsten Schritt wurde versucht die Primerspezifität zu erhöhen, indem ein Magnesiumgradient erstellt wurde. Dieser ergab, abweichend vom Protokoll, dass 2µl anstatt 2,5µl Magnesium die stärksten Signale hervorriefen. Dies konnte sowohl bei den Libellenproben, als auch bei der Kontrolle festgestellt werden. Mit diesem Wert wurde nun weitergearbeitet. Da das Signal noch nicht stark genug war, wurde als nächstes die DNA-Template Menge überprüft. Es zeigte sich, dass mit 2µl die stärkste Amplifikationsrate hervorgerufen werden konnte. Ein Primergradient wurde daraufhin erstellt und die Primärkonzentration im Mastermix von 1µl auf 1,5µl geändert, da dort die höchste Amplifikationsrate zu sehen war. Alle bisher durchgeführten Optimierungsschritte führten dazu, dass eine deutliche Bande auf dem 1%-igen Agarosegel zu sehen war. Als letzten Schritt galt es zu überprüfen, ob die Bande noch eindeutiger wurde, wenn eine andere Annealingtemperatur gewählt werden würde. Aufgrund dessen erstellte man einen Temperaturgradienten, der jedoch eine Abschwächung der Signale zur Folge hatte, sobald die Temperatur verändert wurde. Alle Optimierungsschritte wurden mit vier Proben (zwei Individuen der Art *L. caudalis* und zwei Individuen der Art *L. albifrons*) durchgeführt. Die vier Proben mit dem optimierten Mastermix sind in Abbildung 4 dargestellt, in der die eindeutigen Banden zu sehen sind. Die Proben besaßen nach der Aufreinigung folgende DNA-Mengen:

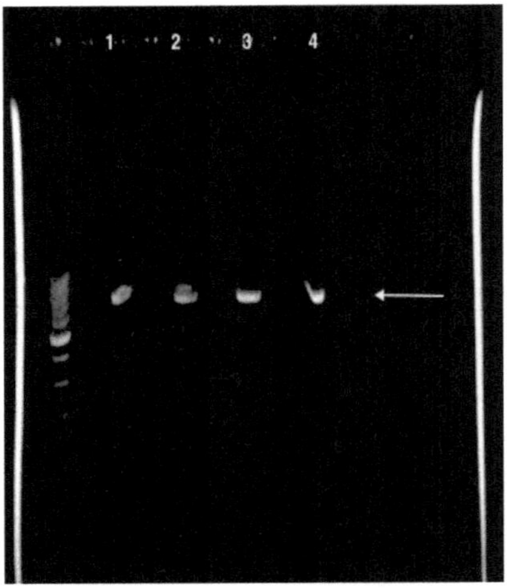

Abbildung 4: Optimierte PCR mit ITS
Marker (links): 100 bp; Probe 1,2: *L. caudalis*; Probe 3,4: *L. albifrons;* Alle Proben zeigen die zu erwartende Bande, welche mit einem Pfeil bei ca. 500-600bp. gekennzeichnet ist. [1%iges Agarosegel; 30min bei 90V]

L. caudalis: 21,8ng/µl ; 22,5ng/µl
L. albifrons: 22,9ng/µl; 24,1ng/µl

Da somit die Optimierung des ITS-Primers abgeschlossen wurde, konnten nun alle DNA isolierten Proben der Gattung *Leucorrhinia*, die in Deutschland gesammelt wurden, amplifiziert werden. Doch auch hier gab es unerwartete Probleme.
Individuen der Art *L. dubia* und *L. rubicunda* zeigten keine Signale nach der PCR. Auch die Verwendung des Standardprogramms von Damm et al. (2009) ergab keine Amplifikationsrate. Proben der Art *L. caudalis* konnten komplett amplifiziert werden, wohingegen nur sieben Individuen der Art *L. albifrons* und drei Individuen der Art *L. pectoralis* gute Signale zeigten. Alle anderen Individuen der zwei Arten zeigten keine Signale.
Folgende DNA-Konzentrationen ergaben sich nach dem Aufreinigen:

***L. caudalis*:** 19,8 ng/µl; 19,9 ng/µl; 20,1 ng/µl; 20,5ng/µl; 21,8 ng/µl; 22,5 ng/µl; 23,0 ng/µl; 26,1 ng/µl; 32,5 ng/µl; 32,8 ng/µl

L. albifrons: 19,1 ng/µl; 19,5 ng/µl; 22,8 ng/µl; 22,9 ng/µl; 24,1 ng/µl; 24,8 ng/µl; 35,0 ng/µl

L. pectoralis: 19,8 ng/µl; 20,5 ng/µl; 20,8 ng/µl

Alle Proben wurden zum Sequenzieren an die Firma GATC geschickt.

4.4 Sequenzierung der PCR-Produkte

Die 20 Proben, die mit dem ITS-Primer amplifiziert werden konnten, wurden an die Firma GATC geschickt. Es konnten allerdings nur insgesamt sieben Proben sequenziert werden. Die Ergebnisse und die zugehörige Art sind in Tabelle 4 zu sehen. Die anderen Ergebnisse sind dort nicht mit aufgeführt, da die Sequenzierungswerte, sowohl für den reverse als als für den forward Primer, 0 waren.

Tabelle 4: Die durch das Sequenzieren für jedes Individuum bestimmte Nukleotidsequenz (nt)- Länge.

Art	nt Länge für forward-Primer	nt Länge für reverse-Primer
L. caudalis	721	564
L. cauldais	666	651
L. caudalis	657	658
L. caudalis	647	656
L. albifrons	653	652
L. albifrons	643	646
L. pectoralis	651	682

4.5 Untersuchung der DNA von 2013 und 2014 auf Degradation

Aufgrund der Beobachtung, dass sich das ND1- und das ITS- Gen auch nach mehrfachen Optimierungsversuchen nicht amplifizieren ließ und auch kein Sequenzierungserfolg bei ITS erreicht werden konnte, wurde eine Agarosegelelektrophorese durchgeführt. Mit dieser galt es zu überprüfen, ob die nukleare DNA aus dem Jahr 2013 als auch aus dem Jahr 2014 ohne Degradation vorlag und alle Fragmente sichtbar waren. Wie in Abbildung 6 zu erkennen, ist die DNA aus dem Jahr 2013 vollständig degradiert. Bei den Proben 4 und 5 sieht man einen Beginn der Degradation. Die Proben 1-3 zeigen die intakte nukleare DNA aus dem Jahr 2014.

Die Möglichkeit, mitochondriale DNA auf Degradation zu untersuchen, war nicht gegeben.

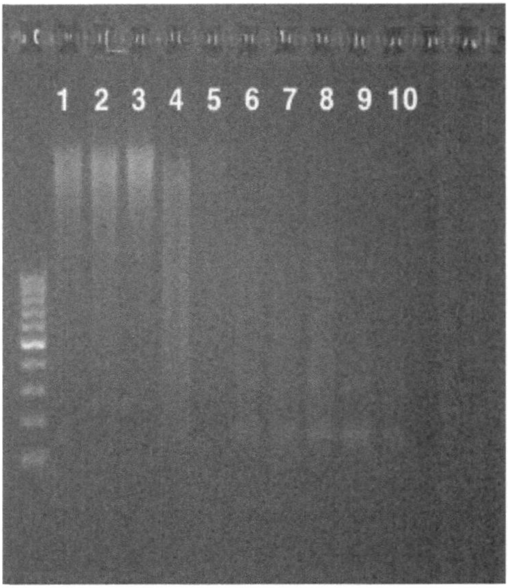

Abbildung 6: PCR mit DNA-Template aus 2013/ 2014

Marker (links): 100bp; Probe 1,2,3,4,5: DNA-Template aus 2014. Proben 1,2,3: *L. caudalis*; Probe 4: *L. pectoralis*; Probe 5: *L. albifrons*; Probe 6,7,8,9,10: DNA-Template aus 2013. Proben aus den Arten *L. dubia* und *L. rubicunda.*

5 Diskussion

Um Divergenzen innerhalb einer Art nachzuweisen, ist es wichtig, dass die DNA von der zu untersuchenden Art für mehrere Jahre vorliegt. Diese sollte intakt vorliegen, sodass sie erfolgreich amplifizierbar ist, damit eine Sequenzierung und anschließende Auswertung stattfinden kann. Da bei der vorliegenden Arbeit eine vollständige Amplifizierung der DNA-Proben aus den Jahren 2012, 2013 und 2014 nicht möglich war, konnte ein Nachweis von bestehenden Divergenzen innerhalb der Gattung *Leucorrhinia* nicht stattfinden und die Überprüfung der zielgesetzten Hypothesen blieb aus. Aus diesem Grund gilt nun zu überlegen, warum die DNA der Libellenproben aus den Jahren 2012 und 2013 degradiert vorlag und aus welchen Gründen die intakte DNA aus dem Jahr 2014, sowohl für den ND1- als auch für den ITS-Primer, nur teilweise amplifiziert und sequenziert werden konnte. Weiterhin sollten auch andere Methoden und mögliche Änderungen im Bereich der DNA-Isolierung, Optimierung der PCR und Sequenzierung in Betracht gezogen und diskutiert werden, damit eine erfolgreiche Amplifizierung und Sequenzierung der DNA aus dem Jahr 2014 hätte stattfinden können.

Wie in Abschnitt 3.1 erwähnt, wurden die Libellenproben in all den Jahren direkt nach dem Sammeln in 100% Aceton eingelegt. Nach Fukatsu (1999) ist Aceton eine sehr gute chemische Verbindung um sowohl die Morphologie als auch die chromosomale DNA und die mitochondriale DNA von biologischen Materialien zu erhalten. Er testete dies an der Blattlausart *Acyrthosiphon pisum,* wobei die Individuen in 100% Aceton eingelegt wurden. Die DNA wurde nach 3 Monaten, 6 Monaten, 1 Jahr und 2 Jahren untersucht, um eine möglich vorliegende Degradation festzustellen. Wie die Versuche zeigten, lag die DNA der Insekten auch nach 2 Jahren ohne große Degradation vor. Man konnte jedoch kleine Schmierungen der Banden erkennen, die auf eine beginnende Degradation deuteten. Sowohl die chromosomale DNA als auch die mitochondriale DNA, konnten nach der langen Zeitspanne noch vollständig amplifiziert werden (Fukatsu, 1999). Greer et al. (1991) führten das gleiche Experiment mit frischen Mandeln (Rachenmandeln) durch. Diese wurden ebenfalls in 100% Aceton für verschiedene Zeitspannen eingelegt. In diesem Versuch wurde ausschließlich die chromosomale DNA nach 2, 24, 72 Stunden, nach 8 und 30 Tagen auf Degradation untersucht. Es stellte sich heraus, dass alle DNA-Fragmente nach 8 Tagen vollständig amplifiziert werden konnten. Die DNA lag intakt vor. Nach 30 Tagen konnte das größte DNA-Fragment (1327 bp) jedoch nur noch teilweise amplifiziert werden (Greer et al., 1991). Beide genannten Experimente weisen in der Auswertung darauf hin, dass sowohl Wasser als auch Verschmutzungen dazu führen, dass die DNA in Aceton schneller degradiert. Um dies zu verhindern, legten Greer et al. (1991) die Proben zuvor eine Stunde lang in 80% Ethanol und eine Stunde in 95% Ethanol, gefolgt von drei Stunden 100% Ethanol ein. Dies hatte zur Folge, dass das Wasser aus den Proben gezogen wurde und diese gereinigt wurden (Greer et al., 1991). Da bei Fukatsu et al. (1999) mit den Blattläusen schon vorher in anderen Experimenten gearbeitet wurde, ging man davon aus, dass die Proben mit Wasser nicht in Berührung kamen und keine Kontamination vorlag (Fukatsu, 1999). Auch in anderen Experimenten wurden aquatische Insekten nach dem Sammeln mit Ethanol behandelt, bevor sie in Aceton eingelegt wurden (vgl. Kaku et al.,1983; Páska et al., 2004). Aus den Dokumentationen, die für die vorliegende Arbeit zur Verfügung standen, ging hervor, dass die genutzten Libellenlarven nach dem Sammeln nicht mit Ethanol behandelt wurden. Die Proben wurden direkt in ein Gefäß mit 100% Aceton gesteckt. Aus dem Grund, dass Libellenlarven in aquatischen Gewässern aufwachsen, ist es möglich, dass die vorliegende Degradation der DNA durch Wasser und Kontaminationen hervorgerufen wurde. Dies lässt die Vermutung aufkommen, dass eine vorherige Behandlung der Libellenproben mit Ethanol dies verhindert hätte.

Andere Wissenschaftler, die ebenfalls DNA verschiedener Tierarten über mehrere Jahre hinweg untersuchten, nutzten Ethanol als Konservierungsmittel (vgl. Vogler & DeSalle, 1994; Nielsen et al., 1997; Källersjö et al., 2005). Auch Libellenarten, deren chromosomale als auch mitochondriale DNA über einen langen Zeitraum hinweg untersucht wurde, wurden in Ethanol eingelegt (vgl. Hovmöller & Johansson, 2003; Damm et al., 2009; Damm & Hadrys, 2012; Bergmann et al., 2013). Es stellt sich nun die Frage, ob Ethanol eventuell ein besseres Konservierungsmittel ist, um eine Zersetzung der DNA zu vermeiden. Sowohl Greer et al. (1991) als auch Fukatsu (1999) führten die oben beschriebenen Experimente auch mit Ethanol durch. Greer et al. (1991) konnten mit Ethanol auch nach 30 Tagen eine erfolgreiche Amplifikation der DNA aller Fragmentgrößen erzielen. Es konnten keine verschmierten Banden oder Amplifikationsfehler erkannt werden (Greer et al., 1991). Fukatsu (1999) zeigte ebenfalls, dass Ethanol auch über eine sehr lange Zeitspanne die DNA sehr gut erhalten kann. Es waren weniger Schmierungen der Banden zu erkennen als bei Aceton (Fukatsu, 1999). Beide Experimente erwähnen jedoch, dass auch die Anwesenheit von Wasser und Verschmutzungen in Ethanol eine Degradation der DNA hervorruft. Deshalb stellt Fukatsu (1999) Ethanol und Aceton gleich gut dar und erwähnt, dass beide Konservierungsmittel die DNA sehr gut erhalten, sollte kein Wasser oder keine Verschmutzung vorliegend sein. Greer et al. (1991) behaupteten jedoch, dass Ethanol das genetische Material aller Arten geringfügig besser aufrecht erhält als Aceton. Diese Behauptung wurde darauf gestützt, dass das größte Fragment der chromosomalen

DNA in Aceton nach 30 Tagen nur noch teilweise amplifizierbar werden konnte. In Ethanol hingegen konnte es noch komplett nachgewiesen werden (Greer et al., 1991).
Zusammenfassend lässt sich sagen, dass Ethanol und Aceton sehr gut für die Konservierung von biologischem Material geeignet sind, um molekulare Analysen auch nach langer Zeit durchzuführen. Das heißt, dass für die vorliegende Arbeit die Entscheidung richtig getroffen wurde, die Libellenarten der Gattung *Leucorrhinia* in Aceton einzulegen. Jedoch ist zu beachten, dass Wasser und Verschmutzungen sowohl bei Ethanol als auch bei Aceton eine Zersetzung der chromosomalen als auch mitochondrialen DNA nach einer gewissen Zeit hervorrufen. Aus diesem Grund hätten die Proben vor dem Einlegen mit Ethanol behandelt werden müssen, um Wasser und Verschmutzungen zu entfernen und um danach in sauberer Konservierungslösung eingelegt zu werden. Dies hätte einer Zersetzung der DNA besser vorgebeugt. Eine erfolgreiche Amplifikation, Sequenzierung und der Nachweis von Divergenzen wäre potenziell länger möglich gewesen.
Weiterhin ist zu überlegen, warum die intakte DNA aus dem Jahr 2014 mit dem mitochondrialen Primer ND1 überhaupt nicht und mit dem chromosomalen Primer ITS nicht vollständig amplifiziert und sequenziert werden konnte. Es sollte hier vor allem auf andere Methoden im Bereich der DNA-Isolierung, Optimierung der PCR und Bedingungen für die Sequenzierung eingegangen und diskutiert werden, die in anderen Experimenten zu erfolgreichen Ergebnissen führten.
Bergmann et al. (2013) nutzten die Kombination aus zwei mitochondrialen Primern (CO1 und ND1), um ein DNA-Barcoding innerhalb 271 Libellenindividuen, die 51 Arten, 22 Gattungen und 8 Familien umfassten, durchzuführen. Die Proben stammten aus den Jahren 2001 bis 2010 und wurden in 70% oder 98% Ethanol konserviert. Sie nutzten die gleichen ND1-Primer-Sequenzen und das gleiche Standard-PCR-Protokoll nach Damm et al. (2009), wie in der vorliegenden Arbeit. Dabei wurde die DNA aus den Libellenproben allerdings mit einer Phenol-Chloroform-Methode isoliert (Bergmann et al., 2013). Eventuell konnte mit der in der vorliegenden Arbeit angewendeten Isolationsmethode nicht genügend mitochondriale DNA isoliert werden, um erfolgreiche Amplifikationsergebnisse zu erhalten. Diesbezüglich sollte also über eine effizientere und alternative Methode nachgedacht werden. Bergmann et al. (2013) nutzten die bereits erwähnte Standard Phenol-Chloroform-Methode nach Hadrys et al. (1992) und erzielten damit sehr gute Ergebnisse. Auch die Anwendung eines speziellen Kits, welches extra für die Isolierung mitochondrialer DNA ausgelegt ist, hätte möglicherweise die gewünschten Ergebnisse erzielt (vgl. MS850 Mitochondria Isolation Kit for Tissue (Mitosciences); Mitochondria-Isolation Kit for Eucaryotic Cells (Pierce); der Qproteome

Mitochondria Isolation-Kit (Qiagen)). In der vorliegenden Arbeit wurde ein universelles Kit genutzt. Beide Methoden stellen sichere Alternativen dar, um eine erfolgreiche mitochondriale DNA-Isolierung garantieren zu können.

Mit der Standard Phenol-Chloroform-Methode nach Hadrys et al. (1992) erzielten Bergmann et al. (2013) sehr gute DNA-Isolationsergebnisse. Jedoch konnte eine sofortige Amplifikation der DNA nicht erreicht werden. Daraufhin wurden zu dem regulären PCR-Mix außerdem noch 0.2 Mol Trehalose, welches ein Disaccharid ist, hinzugegeben. Dies führte zu einer erfolgreichen Amplifikation. Die Zugabe solcher Moleküle kann die Hemmung einer PCR verhindern und die Annealing-Temperatur der Primer auf 5°C herabsetzten, wodurch die Schmelztemperatur in der PCR erneut angepasst werden muss (Bergmann et al., 2013).

Da Bergmann et al. (2013) den gleichen mitochondrialen Primer und das gleiche PCR-Protokoll verwendeten und auch Amplifikationsprobleme auftraten, sollten die oben genannten Methoden zu einer erfolgreichen Amplifikation und Sequenzierung der Proben in der vorliegenden Arbeit führen. Sollte diese alternativen Methoden nicht zum gewünschten Ergebnis führen, müsste in diesem Fall die mitochondriale DNA auf Degradation überprüft werden.

Des Weiteren konnte in der vorliegenden Arbeit sichergestellt werden, das die chromosomale DNA aus dem Jahr 2014 intakt vorlag und auch die DNA-Isolierung erfolgreiche Resultate erbrachte. Deshalb ist bei der Anwendung des ITS-Primers nur zu überlegen, welche alternativen Methoden im Bereich der PCR zu einer erfolgreichen Amplifikation und anschließenden Sequenzierung geführt hätten.

Um eine vollständige Amplifikation der chromosomalen DNA mit Hilfe des ITS- Primers zu gewährleisten, hätte, wie oben auch genannt, Trehalose zu dem PCR-Mix hinzugefügt werden können (Bergmann et al., 2013). Da dies im Rahmen der vorliegenden Arbeit nicht möglich war, kann nur eine Annahme darüber getroffen werden, dass diese Methode die komplette Amplifikation der gesamten Proben ermöglicht hätte. Sequenzierungsprobleme traten bei Bergmann et al. (2013) nicht auf. Hovmöller und Johansson (2004) nutzten die Kombination aus ITS-Primer und 5.8S-Primer um die evolutionären Beziehungen der Gattung *Leucorrhinia* und die Evolution der morphologischen Variation in ihrer larvalen Dornenform zu verstehen. Bei diesem Experiment konnte der ITS-Primer erfolgreich amplifiziert werden. Die Schwierigkeiten tauchten bei der Sequenzierung auf. Wie auch in der vorliegenden Arbeit, konnten nicht alle erfolgreich amplifizierten PCR-Produkte direkt sequenziert werden. Daraufhin nutzten Hovmöller und Johansson das Prinzip des PCR-Produkt klonierens. Nach der Amplifikation wurde das PCR-Produkt mit Hilfe des „TOPO-TA Cloning kit“ (Invitrogen) kloniert. Die dadurch klonierte ITS-Region wurde direkt von den bakteriellen Kolonien in einer neuen PCR amplifiziert, ohne auf die Reinigung der Plasmide zu achten. Eine vollständige und erfolgreiche Sequenzierung der ITS-Region konnte mit dieser Methode erreicht werden (Hovmöller & Johansson, 2004).

Da die Anwendung dieser alternativen Methoden sowohl für den ITS-Primer als auch für den ND1-Primer im Rahmen der vorliegenden Arbeit nicht möglich waren, kann nur angenommen werden, dass diese gegebenenfalls zu einer erfolgreichen Amplifikation und anschließenden Sequenzierung der Libellenproben der Gattung *Leucorrhinia* geführt hätten. Diese Annahme beruht auf der Tatsache, dass die genannten Experimente auf gleiche Probleme stießen und diese mit den oben angeführten Änderungen behoben werden konnten. Es gilt nun diese Annahmen außerhalb dieser Arbeit zu überprüfen.

6 Literaturverzeichnis

Abraham, D., Ryrholm, N., Wittzell, H., Holloway, J. D., Scoble, M. J., Lofstedt, C. (2001). Molecular phylogeny of the subfamilies in Geometridae (Geometroidea: Lepidoptera). Molecular Phylogenetics and Evolution, 20(1), 65-77.

Albertson, R. C., Streelman, J. T., Kocher, T. D. (2003). Directional selection has shaped the oral jaws of Lake Malawi cichlid fishes. Proceedings of the National Academy of Sciences of the United States of America, 100(9), 5252–5257.

Arnqvist, G., Johansson, F. (1998). Ontogenetic reaction norms of predator-induced defensive morphology in dragonfly larvae. Ecology 79: 1847-1858.

Baguette, M., Blanchet, S., Legrand, D., Stevens, V. M., Turlure, C. (2013). Individual dispersal, landscape connectivity and ecological networks. Biological Reviews, 88(2), 310–326.

Begerow, D., Nilsson, H., Unterseher, M., Maier, W. (2010). Current state and perspectives of fugal DNA barcoding and rapid identification procedures. Microbiology and Biotechnology, Vol 87, Issue 1, pp 99-108.

Benard, M. F., McCauley, S. J. (2008). Integrating across Life-History Stages: Consequences of Natal Habitat Effects on Dispersal. The American Naturalist, 171(5), 553–567.

Bergmann, T., Rach, J., Damm, S., DeSalle, R., Schierwater, B., Hadrys, H. (2013). The potential of distance-based thresholds and character-based DNA barcoding for defining problematic taxonomic entities by CO1 and ND1. Molecular Ecology Resources, 13(6), 1069–1081.

Caputo, B., Nwakanma, D., Caputo, F.P., Jawara, M., Oriero, E.C., Hamid-Adiamoh, M., Dia, I., Konate, L., Petraraca, V., Pinto, J., Conway, D.J., Della Toree, A. (2014). Prominent intraspecific genetic divergence within Anopheles gambiae sibling species triggered by habitat discontinuities across a riverine landscape. Molecular Ecology, 23, 4574-4589.

Damm, S., Dijkstra, K. D. B., Hadrys, H. (2009). Red drifters and dark residents: The phylogeny and ecology of a Plio-Pleistocene dragonfly radiation reflects Africa's changing environment (Odonata, Libellulidae, Trithemis). Molecular Phylogenetics and Evolution, 54(3), 870–882.

Damm, S., Hadrys, H. (2012). A dragonfly in the desert: Genetic pathways of the widespread Trithemis arteriosa (Odonata: Libellulidae) suggest male-biased dispersal. Organisms Diversity and Evolution, 12, 267–279.

Dionne, M., Caron, F., Dodson, J. J., Bernatchez, L. (2008). Landscape genetics and hierarchical genetic structure in Atlantic salmon: the interaction of gene flow and local adaptation. Molecular Ecology, 17(10), 2382–2396.

Fukatsu, T. (1999). Acetone preservation: A practical technique for molecular analysis. Molecular Ecology, 8(11), 1935–1945.

Gabriel, W. (2005). How stress selects for reversible phenotypic plasticity. Journal of Evolutionary Biology, 18(4), 873–883.

Grant, W. S. (1986). Biochemical Genetic Divergence between Atlantic, Clupea harengus, and Pacific, C. pallasi, Herring. Copeia, 1986(3), 714.

Greer, C.E., Lund, J.K., Manos, M.M. (1991). PCR Amplification from Paraffin-embedded Tissues: Recommendations on Fixatives for Long-term Storage and Prospective Studies. Cold Spring Harbor Laboratory Press ISSN 1054-9803/91.

Hadrys, H., Balick, M., Schierwater, B. (1992). Applications of random amplified polymorphic DNA (RAPD) in molecular ecology. Molecular Ecology, 1(1), 55-63.

Hollander, J. (2008). Testing the Grain-Size Model for the Evolution of Phenotypic Plasticity. Evolution, 62(6), 1381–1389.

Hovmöller, R., Johansson, F. (2004). A phylogenetic perspective on larval spine morphology in Leucorrhinia (Odonata: Libellulidae) based on ITS1, 5.8S, and ITS2 rDNA sequences. Molecular Phylogenetics and Evolution 30: 653-662.

Johansson, F., Englund, G., Brodin, T., Gardfjell, H. (2006). Species abundance models and patterns in dragonfly communities: effects of fish predators. Oikos 114: 27-36.

Johansson, F., Mikolajewski, D.J. (2008). Evolution of morphological defences. Pp 127-138 in A.Cordoba-Aguilar, ed. Dragonflies & Damselflies: model organisms for ecological and evolutionary research. Oxford Univ. Press, Oxford; U.K.

Johansson, F., Samuelsson, L. (1994). Fish-induced variation in abdominal spine length of Leucorrhinia dubia (Odonata) larvae? Oecologica 100: 74-79.

Kaku, T., Ekem, JK., Lindayen, C., Balley, D.J., Van Nostrand, A.W., Farber, E. (1983). Comparison of fromalin- and acetone- fixation for immunohistochemical detection of carcinoembryonic antigen(CEA) and keratin. Journal Article, Research Support, Non-U.S. Gov't, Comparative Study, 80(6): 806-815.

Källersjö, M., Proschwitz, T. Von, Lundberg, S., Eldenäs, P., Erséus, C. (2005). ITS rDNA as a complement to mitochondrial gene sequences for phylogenetic studies in freshwater mussels: an example using Unionidae from north-western Europe. Zoologica Scripta, 34(July), 415–424.

Lande, R. (2009). Adaptation to an extraordinary environment by evolution of phenotypic plasticity and genetic assimilation. Journal of Evolutionary Biology, 22(7), 1435–1446.

Langerhans, R. B., Layman, C. A., Shokrollahi, A. M., DeWitt, T. J. (2004). Predator-Driven Phenotypic Diversification in Gambusia Affinis. Evolution, 58(10), 2305–2318.

Levine , S.H. (1976). Competitive interactions in ecosystems. American Naturalist, 110: 903- 910.

McCauley, S. J. (2007). The role of local and regional processes in structuring larval dragonfly distributions across habitat gradients. Oikos, 116(July 2006), 121–133.

Mikolajewski, D.J., De Block, M., Rolff, J., Johansson, F., Beckermann, A. P., Stoks, R. (2010). Predator-driven trait diversification in a dragonfly genus: covariation in behavioral and morphological antipredator defense. Evolution 64-11: 3327-3335.

Mikolajewski, D.J., Johansson, F. (2004). Morphological and behavioral defenses in dragonfly larvae: trait compensation and cospecialization. Behavioral Ecology Vol. 15 No. 4: 614-620.

Mullis, K.B. und Faloona, F.A. (1987). Specific synthesis of DNA in vitro via a polymerase catalyzed chain reaction. Methods Enzymol. 155, 335-50.

Nielsen, E. E., Hansen, M. M., Mensberg, K. L. D. (1997). Improved primer sequences for the mitochondrial ND1, ND3/4 and ND5/6 segments in salmonid fishes: application to RFLP analysis of Atlantic salmon. Journal of Fish Biology, 53(1), 216–220.

Orr, M. R., Smith, T. B. (1998). Ecology and speciation. Trends in Ecology and Evolution, 13(12), 502–506.

Páska, C., Bögi, K., Szilák, L., Tokés, A., Szabó, E., Sziller, Schaff, Z. (2004). Effect of formalin, acetone, and RNAlater fixatives on tissue preservation and different size amplicons by real-time PCR from paraffin-embedded tissue. Diagnostic Molecular Pathology : The American Journal of Surgical Pathology, Part B, 13(4), 234–240.

Pajunen, VI. (1962). Studies on the population ecology of Leucorrhinia dubia v.d. Linden. Ann Zool Soc Zool Bot Fenn Vanamo 24: 1-79.

Petrin, Z., Schilling, E.G., Loftin, C.C., Johansson F. (2010). Predators shape distribution and promote diversification of morphological defenses in Leucorrhinia, Odonata. Evolutionary Ecology 24: 1003-1016.

Pfennig, D. W., Wund, M. A., Snell-Rood, E. C., Cruickshank, T., Schlichting, C. D., Moczek, A. P. (2010). Phenotypic plasticity's impacts on diversification and speciation. Trends in Ecology & Evolution, 25(8), 459–467.

Pigliucci, M. (2005). Evolution of phenotypic plasticity: where are we going now? Trends in Ecology & Evolution, 20(9), 481–486.

Price, T. D., Qvarnstrom, A., Irwin, D. E. (2003). The role of phenotypic plasticity in driving genetic evolution. Proceedings of the Royal Society B: Biological Sciences, 270(1523), 1433–1440.

Ronce, O. (2007). How Does It Feel to Be Like a Rolling Stone? Ten Questions About Dispersal Evolution. Annual Review of Ecology, Evolution, and Systematics, 38(1), 231–253.

Schluter, D. (2000). Ecological Character Displacement in Adaptive Radiation. The American Naturalist, 156(s4), S4–S16.

Slatkin, M. (1987). Gene flow and the natural structure of natural populations. Science, 236, 787-792.

Stearns, S.C. (2012). The Evolutionary Significance of Phenotypic Plasticity. Bio-Science Vol. 39 No. 7, 39(7), 436– 445.

Stelkens, R. B., Jaffuel, G., Escher, M., Wedekind, C. (2012). Genetic and phenotypic population divergence on a microgeographic scale in brown trout. Molecular Ecology, 21(12), 2896–2915.

Stoks, R., McPeek, M.A. (2006). A tale of two diversifications: reciprocal habitat shifts to fill ecological space along the pond permanence gradient. American Society of Naturalists, 168: S50-S72.

Taylor, E. B. (1991). A review of local adaptation in Salmonidac, with particular reference to Pacific and Atlantic salmon. Aquaculture, 98(1-3), 185–207.

Thibert-Plante, X., Hendry, A. P. (2011). The consequences of phenotypic plasticity for ecological speciation. Journal of Evolutionary Biology, 24(2), 326–342.

Turelli, M., Barton, N. H., Coyne, J. a. (2001). Theory and speciation. Trends in Ecology and Evolution, 16(7), 330–343.

Via, S., Lande, R. (1985). Evolution of phenotypic plasticity. Evolution, 39(3), 505–522.

Vogler, a P., DeSalle, R. (1994). Evolution and phylogenetic information content of the ITS-1 region in the tiger beetle Cicindela dorsalis. Molecular Biology and Evolution, 11(3), 393–405.

Walsh, P. T., Downie, J. R., Monaghan, P. (2008). Predation-induced plasticity in metamorphic duration in Xenopus laevis. Functional Ecology, 22(4), 699–705.

Wellborn, G.A., Skelly, D.K., Werner, E.E. (1996). Mechanisms creating community structure across a freshwater habitat gradient. Annual Review of Ecology and Systematics 27: 337-363.

7 Anhang

7.1 Material

7.1.1 Geräte

Name	Hersteller
Arktik Thermal Cycler	Thermo Scientific
Centrifuge 5424	Eppendorf
Gerix 1000	Bio-Step
MyFuge	Benchmark
NanoDrop 200c (Spectrophotometer)	Peqlab Biotechnologie GmbH
PowerPac™ Basic PowerSupply	Bio-Rad
Thermo-Shaker	Grant-Bio
Transilluminator BST-20G-D2R	Biostep
Vortex-Genie	Bender & Hobein AG

7.1.2 Chemikalien

Name	Hersteller
Agarose	ROTH, Kalsruhe
6x Blue Loading Puffer	Peqlab Biotechnologie GmbH, Erlangen
100bp-DNA-Ladder equimolar	ROTH, Kalsruhe
dNTPs	Invitrogen, Karlsruhe
Hot Taq-Polymerase	Peqlab Biotechnologie GmbH, Erlangen
Magnesiumchlorid ($MgCl_2$)	Peqlab Biotechnologie GmbH, Erlangen
PBS-Puffer (Phosphat-gepufferte Salzlösung)	Invitrogen, Karlsruhe
Primer	Peqlab Biotechnologie GmbH, Erlangen
10x PCR-Puffer	Peqlab Biotechnologie GmbH, Erlangen
SYBR®Safe DNA gel stain	Invitrogen, Karlsruhe
Wasser (Nuklease-frei)	ROTH, Karlsruhe

7.1.3 Kits

Name	Hersteller
PCR/DNA Clean Up DNA Kit	Roboklon
Tissue DNA Kit	Roboklon

7.2 Protokoll: Tissue DNA Purification Kit (Roboklon)

roboklon

EURx GeneMATRIX
TISSUE & BACTERIA
DNA PURIFICATION KIT

EURx

KURZANLEITUNG

KIT VERSION 1.0, JULI 2009. SIEHE AUCH DETAILLIERTE FASSUNG DES PROTOKOLLS

A HOMOGENISIERUNG UND LYSIS

1. Vorbereitung der Extraktion

- 40 µl Activation Buffer T auf die Membran der Säule pipettieren, Säule bei Raumtemperatur bis zur Verwendung stehen lassen, nicht zentrifugieren.
- Elutionspuffer auf 70°C erhitzen (siehe Abschnitt D, Elution).

2. Probenvorbereitung, RNase- und Proteinase K Verdau

- Gewebeprobe homogenisieren und eine geeignete Menge an Puffer Lyse-T, RNase A und Proteinase K zufügen.

Prozedur A: Festes Gewebe	Prozedur F: Mausschwänze
Prozedur B: Paraffin-konserviertes Gewebe	Prozedur G: Haare
Prozedur C: Formalin-fixiertes Gewebe	Prozedur H: Insekten
Prozedur D: Flüssiges Gewebe, Körperflüssigkeiten	Prozedur I: Urin
Prozedur E: Zellkulturen	Prozedur J: Bakterien

3. Optimierung der Bedingungen für die DNA Bindung

- 200 µl (Prozedur D, E) bzw. 350 µl (Prozedur A, B, C, G, H) Puffer SOL-T zufügen.
- Durch mehrfaches Invertieren mischen.
- 10 Minuten bei 70°C inkubieren.
- 200 µl (Prozedur D, E) resp. 350 µl (Prozedur A, B, C, G, H) 96 % v/v Ethanol zufügen.
- Lysat durch mehrfaches Invertieren mischen.
- Lysat 1 Minute bei 11 000 x g (ca. 12 000 rpm) zentrifugieren.

B DNA BINDESCHRITT

4. DNA-Bindung an die Säulenmatrix

- 600 µl Lysat-Überstand in Zentrifugationssäule überführen.
- Lysat 1 Minute bei 11 000 x g (ca. 12 000 rpm) zentrifugieren.
- Durchfluss abschütten und Säule wieder auf das Sammelgefäß stecken.
- Restlichen Lysat-Überstand in Säule überführen.
- Säule 2 Minuten bei 11 000 x g (ca. 12 000 rpm) zentrifugieren (bis das Lysat vollständig die Membran passiert hat).

C DNA WASCHSCHRITT

5. DNA - Waschung 1

- Durchfluss abschütten und Säule wieder auf das Sammelgefäß stecken.
- 500 µl Puffer Wash-TX1 auf die Säule geben.
- Säule für 1 min bei 11 000 x g (ca. 12 000 rpm) herunterzentrifugieren.

6. DNA - Waschung 2

- Durchfluss abschütten und Säule wieder auf das Sammelgefäß stecken.
- 500 µl Puffer Wash-TX2 auf die Säule geben.
- Säule für 2 min bei 11 000 x g (ca. 12 000 rpm) herunterzentrifugieren.

D DNA ELUTIONSSCHRITT

7. DNA - Elution

- Zentrifugationssäule auf ein neues Sammelgefäß (1.5 - 2 ml) stecken.
- 100 - 200 µl erhitzten (70°C) Elutionspuffer auf die Mitte der Säulenmembran tropfen.
- Säule für 3 min bei Raumtemperatur inkubieren.
- Säule bei 12 000 rpm für 2 Minuten zentrifugieren.
- Optional: Elutionsschritt wiederholen, um die DNA-Ausbeute zu erhöhen.
- Säule vom Sammelgefäß entfernen und verwerfen.
- DNA bei -20°C langfristig bzw. bei +4°C kurzfristig lagern bis zur weiteren Verwendung.

DIESE ANLEITUNG STEHT ONLINE BEREIT

WWW.ROBOKLON.DE

7.3 Protokoll: PCR/DNA Clean up Kit (Roboklon)

roboklon

EURx GeneMATRIX
PCR CLEAN UP DNA
PURIFICATION KIT

EURx

KURZANLEITUNG

KIT VERSION 3.1. JANUAR 2008. SIEHE AUCH DETAILLIERTE FASSUNG DES PROTOKOLLS.

A HOMOGENISIERUNG UND LYSIS

1 **1. Vorbereitung der Extraktion**

- 40 µl Activation Buffer DX auf die Membran der Säule pipettieren, Säule bei Raumtemperatur bis zur Verwendung stehen lassen, nicht zentrifugieren.
- Optional: Elutionspuffer auf 80°C erhitzen (siehe Abschnitt D, Elution).

B DNA BINDESCHRITT

2 **2. DNA-Bindung an die Säulenmatrix**

- 400 µl Puffer Orange-DX zu max. 250 µl DNA - Reaktionsansatz / max. 25 µg DNA zufügen.
- Probe und Puffer vollständig mischen.
- Suspension auf eine Zentrifugationssäule überführen.
- Zentrifugation für 1 min bei 11 000 x g (etwa 12 000 rpm)

C DNA WASCHSCHRITT

3 **3. DNA - Waschung**

- Durchfluss abschütten und Säule auf das Sammelgefäß stecken.
- 500 µl Puffer Wash-DX1 auf die Säule geben.
- Säule für 1 min bei 11 000 x g (etwa 12 000 rpm) zentrifugieren.

4 **4. DNA - Waschung**

- Durchfluss abschütten und Säule auf das Sammelgefäß stecken.
- 650 µl Puffer Wash-DX2 auf die Säule geben.
- Säule für 1 min bei 11 000 x g (etwa 12 000 rpm) zentrifugieren.

5 **5. Entfernen von Resten des Waschpuffers**

- Durchfluss abschütten und Säule auf das Sammelgefäß stecken.
- Säule für 2 min bei 11 000 x g (etwa 12 000 rpm) trockenzentrifugieren.

D DNA ELUTIONSSCHRITT

6 **6. DNA Elution**

- Zentrifugationssäule unverschlossen auf ein neues Sammelgefäss (1.5-2 ml) stecken
- 50-150 µl Elutionspuffer (ggf. 80°C) oder Wasser auf die Mitte der Säulenmembran tropfen.
- Säule 2 min bei Raumtemperatur inkubieren.
- Säule bei 11 000 x g (etwa 12 000 rpm) für 1 Minute zentrifugieren.
- Säule vom Sammelgefäß entfernen und verwerfen. Sammelgefäß verschließen. Gereinigte DNA kann sofort verwendet werden.
- DNA bei -20°C langfristig bzw. bei +4°C kurzfristig lagern bis zur weiteren Verwendung.

DIESE ANLEITUNG STEHT ONLINE BEREIT

WWW.ROBOKLON.DE